BEI GRIN MACHT SICH IHR WISSEN BEZAHLT

AF153293

- Wir veröffentlichen Ihre Hausarbeit,
  Bachelor- und Masterarbeit

- Ihr eigenes eBook und Buch -
  weltweit in allen wichtigen Shops

- Verdienen Sie an jedem Verkauf

Jetzt bei www.GRIN.com hochladen und kostenlos publizieren

Die Geschichte der Zahlen. Herkunft, Entwicklung und Verbreitung der Zahlen

Eslam Abozaid

Bibliografische Information der Deutschen Nationalbibliothek:

Die Deutsche Nationalbibliothek verzeichnet diese Publikation in der Deutschen Nationalbibliografie; detaillierte bibliografische Daten sind im Internet über http://dnb.d-nb.de abrufbar.

ISBN: 9783346813114
Dieses Buch ist auch als E-Book erhältlich.

© GRIN Publishing GmbH
Nymphenburger Straße 86
80636 München

Alle Rechte vorbehalten

Druck und Bindung: Books on Demand GmbH, Norderstedt Germany
Gedruckt auf säurefreiem Papier aus verantwortungsvollen Quellen

Das vorliegende Werk wurde sorgfältig erarbeitet. Dennoch übernehmen Autoren und Verlag für die Richtigkeit von Angaben, Hinweisen, Links und Ratschlägen sowie eventuelle Druckfehler keine Haftung.

Das Buch bei GRIN: https://www.grin.com/document/1326087

Stiftung Universität Hildesheim
Institut für deutsche Sprache und Literatur
Seminar: Schriftlinguistik der deutschen Sprache –
kontrastiv zum Arabischen
Wintersemester 2019/2020

HAUSARBEIT

Die Zahlen: ihre Herkunft, Entwicklung und Verbreitung

MA DaF/DaZ

20.02.2020

Inhalt

1. Einleitung

Die Zahlen gehören zu den Selbstverständlichkeiten des menschlichen Lebens. Ohne sie kann der heutige Alltag der modernen Menschen gar nicht vorgestellt werden. Bei der Verwendung der Zahlen wird keine Gedanken über ihren Ursprung, Entwicklung oder Verbreitung gemacht. In Europa sind jedem die römischen Ziffern und die arabischen Zahlen bekannt. In allgemeinen ist bekannt, dass die römischen Ziffern von den Römern stammen. Diese Ziffern werden bis heute zum Beispiel in Büchern bei der Nummerierung von Kapiteln verwendet. Über die arabischen Zahlen wird fälschlicherweise angenommen, dass sie von den Arabern stammen. Wie in dieser Arbeit auch vorgestellt wird, stammen die arabischen Zahlen von den indischen Gelehrten, obwohl die Araber die Vermittler dieser Zahlen und ihren Rechensystemen waren. Die Fähigkeit zählen und rechnen zu können ist eine Leistung der menschlichen Intelligenz, die sich im Laufe der Zeit entwickelt hat und von einer Generation zu den anderen weitergegeben wurde. Historisch angesehen sind Zahlen eigenständig neben Text und Bild entstanden (vgl. Goy: 148).

In der vorliegenden Arbeit wird auf die Herkunft, Entwicklung und Verbreitung von bestimmten Zahlensystemen eingegangen. Leider ist es aus Platzgründen nicht möglich auf alle existierten und noch existierenden Zahlensysteme einzugehen.

Das erste Kapitel erzählt die Vorgeschichte der Zahlen und gibt Beweise dazu, dass solche Fähigkeiten wie Zählen und Rechnen zu den angeborenen menschlichen Leistungen nicht gehören. Außerdem das Kapitel gibt die Information, wie und wo die ersten Ziffern entwickelt wurden.

In dem zweiten Teil wird auf verschiedenen Zahlendarstellungen in der Vergangenheit eingegangen. Hier werden die ägyptische Hierolgyphenschrift, die griechischen Ziffern und die römischen Ziffern kurz vorgestellt.

Zuletzt wird es die Herausbildung unserer modernen Zahlschrift mit ihren verschiedenen Entwicklungsstufen vorgestellt und die Verbreitung der arabischen Ziffern in Europa beschrieben.

2. Die Vorgeschichte der Zahlen

Was trieb den Menschen dazu, die Zahlen überhaupt zu erfinden? War diese Erfindung ein Bedarf, der mit der Astronomie eng verbunden war? Oder hat die Entwicklung des gesellschaftlichen Lebens einen Sprung dazu gegeben? Wie und wann wurde von Menschen entdeckt, dass eine Hand fünf Finger hat? Zu der Vorgeschichte der Zahlen gehören mehreren Fragen, die man nicht einfach beantworten kann, weil die Art des Denkens von ersten Menschen kaum untersucht werden kann und deswegen zu dem Thema kaum Quellen zu finden sind (vgl. Ifrah 1987: 23).

Trotzdem deutet vieles darauf hin, dass es Zeiten gab, in denen Menschen überhaupt nicht zählen konnten. Ein heutiger Beweis dazu sind die primitiven Volksstämme in unterschiedlichen Kontinenten, wie zum Beispiel die Zulu und die Pygmäen in Afrika, die Aranda und die Kamilarai in Australien und weitere Volksstämme in Brasilien und die Ureinwohner der Murray-Inseln. Die einzigen numerischen Größen, die Mitglieder der Volksstämme im Gebrauch haben, stammen aus der Steinzeit. Sie verwenden normalerweise nur zwei Zahlwörter: ein Wort, um eine Einheit zu bezeichnen, und ein Wort für das Paar. Es gibt Ureinwohner, die die Zahlen *drei* und *vier* ausdrücken können, trotzdem wird die Fähigkeit weiter nicht entwickelt (vgl. Ifrah 1992: 17).

Diese Beobachtungen weisen darauf hin, dass die Menschen am Anfang der Geschichte der Zahlen auch über die Fähigkeit verfügten, die Einheit von dem Paar und von der Vielheit zu unterscheiden. Obwohl die Wissenschaft über sehr wenige Quellen über die Zahlengeschichte verfügt, wurde es trotzdem festgestellt, dass die ersten numerischen Begriffe tatsächlich *Eins* und *Zwei* waren. Die Eins war das Symbol des einzigen Lebewesens und des *Phalluses*, der Mann von Frau unterscheidet. Die Zwei zeigte dagegen die Symmetrie der menschlichen Körper und symbolisierte solche Begriffe, wie das Gut und das Böse, das Leben und der Tod. Diese primitiven Abgrenzungen sind in mehreren Kulturen und Sprachen auch heute noch zu treffen (vgl. ebd. 18).

Die Kinder beweisen, dass das Zählen und Mengen erfassen zu können, keine selbstverständlichen Leistungen sind. Obwohl auch Säuglinge über die Fähigkeit verfügen, Dinge und Lebewesen in ihrer Umgebung einzuschätzen, trotzdem sind sie nicht in der Lage, diese Dinge mit Zahlen zusammen zu binden. Erst zwischen zwölf und achtzehn Monaten lernen Kleinkinder nach einem, zwei oder mehreren Dingen abzuschätzen und ab drei Jahren Dinge mit Zahlen zu binden (vgl. ebd. 21). Als weiterer Schritt beginnt ein Kind die Anzahl mit Finger zu zeigen und es verwendet dafür am Anfang eine Hand und danach noch die andere. Das bedeutet trotzdem nicht, dass das Kind fähig ist zu zählen, weil zunächst das ganze Zahlsystem in der natürlichen Reihenfolge eingeordnet werden soll. Erst wenn diese Phase abgeschlossen ist, kann sich die weitere wichtige Fähigkeit entwickeln: das Zählen (vgl. Ifrah 1987: 44). Man spricht von „zählen", wenn jedem Element einer Menge ein Symbol zugeordnet werden kann, das heißt „ein Wort, eine Gebärde oder ein Schriftzeichen, welches einer Zahl entspricht, die durch die Folge der ganzen Zahlen gewonnen wird" (Ifrah 1987: 44). Jedes Symbol in dem Fall ist eine Ordnungszahl in einer Menge, die durch das Zählen in eine Reihe gebracht wurde.

Um zu ermöglichen, die Zahlen symbolisch darzustellen, hat der Mensch konkrete und mündliche Zahlzeichen entwickelt. Zu den konkreten Zahlzeichen gehören:

- ✓ verschiedene Gegenstände (Kieselsteine, Muscheln, harte Früchte),
- ✓ Buchführung mit geknoteten Schnüren, Gesten mit Fingern und Körperteile.

Die mündlichen Zahlzeichen sind:

- ✓ konkrete Begriffe, die Zahl enthalten (die Sonne, der Mond für die Einheit, die Augen für das Paar, die Kleeblättern für die Drei, die Tierpfoten für die Vier, die Finger einer Hand für die Fünf);
- ✓ Begriffe, die auf ein bestimmtes Zählverfahren deuten und auf Gesten und Körperteile verweisen (z. B. der kleine Finger bezeichnet Eins und der Daumen bezeichnet die Fünf);
- ✓ Zahlwörter, die keine sichtbare Spur ursprünglichen Bedeutung haben (vgl. Ifrah 1987: 47-49).

Alle die hier und oben besprochenen Beispiele weisen darauf hin, dass die menschliche Fähigkeit zu zählen, nicht zu den eingeborenen Fähigkeiten gehört, sondern zunächst erlernt werden soll. Außerdem die Entwicklung von Zahlsystem ist ein Zeichen der menschlichen Evolution, die auch eng mit der menschlichen Intelligenz zusammengebunden ist.

3. Die Erfindung der Ziffern

Außer Beherrschung des Feuers und Entwicklung der Landwirtschaft spielen auch die Erfindung der Schrift sowie die Erfindung der Null und der arabischen Ziffern eine entscheidende Rolle in der Geschichte der Menschheit.

Die Schrift ist ein wichtiges Ausdrucks- und Kommunikationsmittel, das jedem die Möglichkeit gibt, die gesprochene Sprache aufzuzeichnen und damit Worte und Texte aufzubewahren. Die Erfindung der Schrift ermöglicht den heutigen Menschen die Stimme der uralten Geschichten über verschiedenen Kulturen aus der vergangenen Zeiten zu hören, manche von denen heute überhaupt nicht mehr existieren.

Die Erfindung der Null und der arabischen Ziffern schenkte jedem die Möglichkeit, ohne Hilfsmittel Rechenaufgaben durchzuführen. Diese Erfindung ist genauso wichtig wie die Erfindung der Schrift und gehört somit zu den intellektuellen Hilfsmitteln der Menschen, die die Entwicklung solcher Bereiche wie Mathematik, Technik sowie Naturwissenschaft ermöglicht hat. Diese Erfindung hat eine lange Geschichte, die vor mehr als fünftausend Jahren begann (vgl. Ifrah 1992: 100-101).

Die Kieselsteine nahmen in dieser Geschichte der Zahlen einen großen Platz ein. Es wurde einmal daran gedacht, dass man für das Zählen Steine unterschiedlicher Größe benutzen konnte. Ein Steinchen diente zum Bezeichnen der Eine, ein bisschen größeren Kieselstein verwendete man für die Zehner, noch größeren – für die Hunderter, noch etwas Größeren – für die Tausender usw. Somit konnte man die Zahl 468 bezeichnen, indem man vier große, acht mittlere und sechs kleine Steinchen nahm. Obwohl die Methode praktisch war, war sie trotzdem kritisch angesehen, weil es nicht immer ausreichend Kieselsteine von benötigen Formen und Größe gab. Einige Völker verwendeten für die Darstellung ihres Zahlensystems aus Lehm hergestellte Gegenstände unterschiedlicher Größen und Formen. Diese Tonmarken, *calculi*, stammen aus dem 9. und 2. Jahrtausend v.Ch. und sind oft bei archäologischen Ausgrabungen im Nahen Osten zu finden (vgl. Ifrah 1992:102).

Mit der Entwicklung der Viehwirtschaft und Ackerbau konnte die Zahlenmethode die zunehmenden Bedürfnisse von Menschen nicht mehr befriedigen. In der Mitte des 4. Jahrtausends v.Ch. wurde von den antiken Kulturen Elam und Sumer das Buchführungssystem entwickelt, das auf den *calculi* basierte und die Durchführung von weiteren komplexen Rechenaufgaben ermöglichte. Die Sumerer verwendeten für ihr Zahlensystem zwar Kegeln und

Kügelchen, kamen aber zu der Zeit auf die Idee von Multiplikation, indem man ein kleines rundes Loch in den Kegel druckte. Zum Beispiel wurde die Zahl 600 folglich dargestellt: in einen großen Kegel, der die Zahl 60 bezeichnet, wurde ein Loch druckt (60 x 10 = 600).

Die Elamiter haben ihres Systems folgend dargestellt: ein Stäbchen bezeichnete die Einer, ein Kügelchen stand für Zehner, eine Scheibe stellte ein Hundert dar, ein Kegel bezeichnete 300 (drei Hundert) und ein großer durchlöcherter Kegel entsprich der 3000 (drei Tausend). Auch von der Kultur wurden runde oder eiförmige Bulle aus Lehm erfunden, in denen die *calculi* aufzubewahren waren. Außerdem wurde die Oberfläche von Bulle mit einem oder zwei Rollsiegel gerollt, um die Echtheit und Unversehrtheit zu bestätigen (vgl. Ifrah 1992: 103-104).

Obwohl das beschriebene System praktisch angesehen war, hatte es trotzdem einen wichtigen Nachteil, dass die Bulle jedes Mal zerschlagen werden sollte, wenn man den Inhalt prüfen wollte. Deswegen haben die Buchhalter damals begonnen, die Inhalt der Bulli durch in die Außenwand gedrückte Zeichnen folgendermaßen zu wiederholen:

- eine feine Kerbe bedeutete einen kleinen Kegel, der der Einer entsprach;
- ein kleiner runder Abdruck hieß das kleine Kügelchen für die Zehner;
- eine dicke Kerbe stand ersaß einen großen Kegel für die Sechziger;
- der große durchlöcherte Kegel mit dem Wert 600 wurde durch eine dicke Kerbe mit einem kleinen Abdruck ersetzt;
- ein großer runder Abdruck bedeutete eine Kugel mit dem Wert 3600;
- die durchlöcherte für die Zahl 36000 wurde durch einen großen runden Abdruck mit einem kleinen runden Abdruck in der Mitte ersetzt.

Die Einführung dieses Zahlsystem hat es ermöglicht, durch die eingedrückten Markierungen richtige Zahlzeichen einzusetzen, uns somit sind die ältesten Ziffern der Geschichte entstanden. Da die Bullen mit der Entwicklung des Systems durch Tontäfelchen ersetzt wurden, sind die *calculis* aus dem Gebrauch im Jahr 3250 v. Chr. verschwunden (vgl. ebd. 107-109).

3.1 Ziffern der ägyptischen Hieroglyphenschrift

Die Ägypter haben um 3000 v.Chr. ein eigenes Zahlendarstellung entwickelt, in dem fast alle Tiere, Pflanzenwelt auch Geräte und Werkzeuge entnommen und nachgebildet (vgl. ebd. 114).

Abbildung 1: *Ägyptische Piktogramme.* Quelle: Ifrah 1992: 114

Dieses System war bis zum Beginn des 4. Jahrtausends vor unserer Zeit im Gebrauch. Im Vergleich zum Sumer-System ist aber das ägyptische System anders. Es beruht auf einem Dezimalsystem und die Ägypter schlugen ihre Hieroglyphen mit Hammer und Meißel in Monumente aus Stein oder sie malten mit einem zugespitzten Schilfroher und Farbe auf Felsstücke, Tonscherben oder Papyrusblätter, in dem die Sumerer ihre Ziffern drückten und ihre Schriftzeichen fast in Tontafeln ritzten. Das zeigt, dass die ägyptischen Ziffern und Hieroglyphen ein Produkt der ägyptischen Kultur waren.

Die ägyptische Zahlschrift hatte die Darstellung von Zahlen, die bis über Million reichte. Die Besonderheit der Hieroglyphe lag an der Einheit und jede sechs folgenden Zehnerpotenzen.

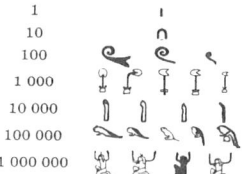

Abbildung 2: *Ziffern der Ägyptischen Hieroglyphenschrift.* Quelle: Ifrah 1992: 116.

Um die Anhäufung und Wiederholung der Ziffern der Ordnung in einer Reihe zu vermeiden, haben die Ägypter kleine Gruppen von zwei, drei und vier identischen Zeichen in Zwei oder drei übereinanderliegenden Reihen gebildet, wie unten dargestellt.

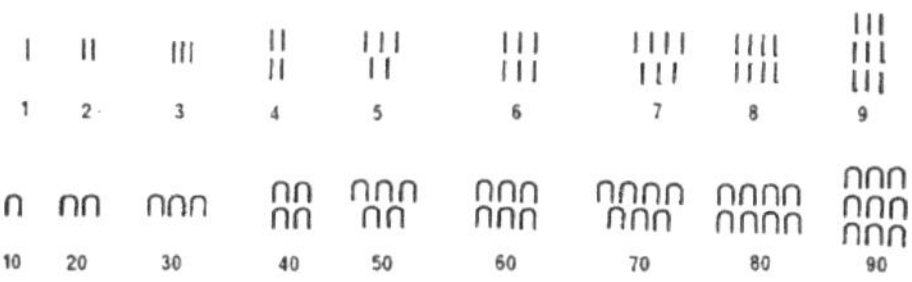

Abbildung 3: *Übereinanderliegenden Reihen.* Quelle: Ifrah 1992: 118.

Die Zahl 243688 wurde folgendermaßen dargestellt:

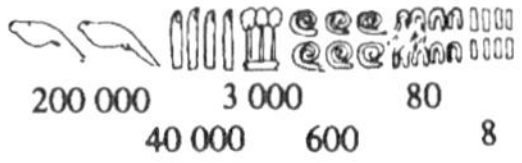

Abbildung 4: *Darstellung von 243688.* Quelle: Ifrah 1992: 118.

3.2 Die griechischen Ziffern und ihre Entwicklung

Gleiche Art und Weise nutzten die Griechen ein Zahlsystem mit denselben Merkmalen wie das kritische System und es beruhte auf dem Dezimalsystem wie das Ägyptische. Diese Systeme hatten aber viele Nachteile. Zum Beispiel, für die Zahl 7699 waren wegen Wiederholung identischer Zeichen 31 Symbole nötig, sodass die Griechen zusätzliche Zeichen hinzufügten. Zuerst führten sie eigener Ziffern 5, 50, 500 etc. ein und dann haben sie allmählich die alten Zahlzeichen durch Buchstaben des Alphabets ersetzt. Sie entsprachen dem Anfangsbuchstaben eines Zahlworts. So wird das in der Fachsprache „kakophonisches Prinzip" genannt. So wurden die griechischen Ziffern dargestellt:

Die Zahl Fünf durch die alte Form des *Pi*, des Anfangsbuchstabens des Wortes *pente* (fünf).

Die Zehn durch (Delta) den Anfangsbuchstaben des Wortes *deka* (zehn).

Die Fünfzig durch ein Zeichen, eine Kombination der Buchstaben *Pi* und *Delta* als Abkürzung für *pentedeka* (fünfzig).

Die Tausend durch den Buchstaben X (Chi), den Anfangsbuchstaben des Wortes *chilioi* (tausend).

Schließlich gingen die Griechen von der dezimalen Zahlschrift aus und entwickelten ein System, das die Zahlendarstellung abgekürzt hat, beispielsweise die Zahl 7699 erforderte nur 15 Zeichen statt 31.

Abbildung 5: *Darstellung von 7699.* Quelle: Ifrah 1992: 133.

9

3.3 Die römischen Ziffern

Die römischen Ziffern waren keine Rechenzeichen, sondern Abkürzungen, um Zahlen zu speichern und wie die anderen festzuhalten. Die römische Zahlschrift hatte das additive Prinzip: ihre Ziffern (I= 1, V = 5, X =10, L= 50, C = 100, D = 500 und M = 1000) alle die Zeichen sind voneinander unabhängig:

CCCLXXXVII = 100 + 100+100 +50 +10 +10+10 +5 +1+1= 387 (ebd.)

Weil auch die Römer, wie die Ägypter und die Griechen auch, die Einfachheit vermeiden wollten, haben das System kompliziert gemacht. Links wird die Ziffer mit einem höheren Wert stehen so werden die Zahlen danach dargestellt.

IV	$(= 5 - 1)$	statt **IIII**
IX	$(= 10 - 1)$	statt **VIIII**
XIX	$(= 10 + 10 - 1)$	statt **XVIIII**
XL	$(= 50 - 10)$	statt **XXXX**
XC	$(= 100 - 10)$	statt **LXXXX**
CD	$(= 500 - 100)$	statt **CCCC**
CM	$(= 1\,000 - 100)$	statt **DCCCC**

Abbildung 6: *Römische Zahlendarstellung 1*. Quelle: Ifrah 1992: 134.

Leider hat dieses System nicht allen Zahlen ausgereicht, deshalb haben sie zuerst eine Methode entwickelt, in dem der Wert aller Zahlen durch einen horizontalen Strich über den Ziffern mit 1000 multipliziert wurde und danach andere Methode entwickelt, in dem der Wert jeder Zahl durch Umrahmung mit Art unvollständigem Rechteck mit 100000 multipliziert wurde .

$$\overline{V} = 5 \times 1\,000 = 5\,000$$
$$\overline{X} = 10 \times 1\,000 = 10\,000$$
$$\overline{LXXXII} = 82 \times 1\,000 = 82\,000$$

$$\text{>>>}$$

$$\lceil XII \rceil = 12 \times 100\,000 = 1\,200\,000$$
$$\lceil LVI \rceil = 56 \times 100\,000 = 5\,600\,000$$
$$\lceil CCC \rceil = 300 \times 100\,000 = 30\,000\,000$$
$$\lceil MDCLXXVI \rceil = 1\,676 \times 100\,000 = 167\,600\,000$$

Abbildung 7: *Römische Zahlendarstellung 2*. Quelle: Ifrah 1992: 148f.

Diese Schreibweisen hatte auch den Nachteil, leicht zu Verwechslungen und Missverständnissen zu führen (vgl. ebd. 133).

All dies deutet darauf hin, dass jede Gesellschaft den Bedarf hatte, Zahlen zu speichern und festzulegen, obwohl die Kulturen und die Menschen weit voneinander zu unterschiedlichen Zeiten lebten. Die Untersuchungsergebnisse zeigen, dass die bisher vorgestellte Zahlsysteme viele Schwierigkeiten hatten. Sie waren für komplexere Rechenaufgaben nicht geeignet. In dem folgenden Abschnitt wird die Entwicklung unseres modernen Zahlensystems vorgestellt.

4. Unsere moderne Zahlenschrift

4.1. Die alte indische Zahlschrift

Der Vorläufer unseres modernen Zahlensystems entstand um 500 n.Ch. in Nordindien. Die Zahlenschrift, die die Einwohner Nordindiens zwischen dem 3. Jahrhundert v.Chr. und dem 7. Jahrhundert n.Chr. benutzten, war noch wenig entwickelt. Sie beinhaltete dennoch ein wichtiges Merkmal unseres Zahlensystems: die erste neun Ziffern bestanden aus einem durch Konventionen festgelegten graphischen Zeichen (vgl. ebd. 194), die als Vorformen der modernen neun Grundziffern dienten:

Abbildung 8: *Vorformen der modernen Ziffern.* Quelle: Ifrah 1992: 194.

Die indischen Astronomen haben die Ziffern benannt um große Zahlen auch wiedergeben zu können. Damit haben sie die Entdeckung der Positionsprinzip und der Null in die Wege geleitet.

eka	dvi	tri	catur	pañca	sat	sapta	asta	nava
1	2	3	4	5	6	7	8	9

Abbildung 9: *Namen der gesprochenen Ziffern.* Quelle: Ifrah 1992: 195.

Die indischen Gelehrte ordneten jeden Zehner und Zehnerpotenzen eigenen Namen zu (vgl. ebd. 196):

10	dasa
100	sata
1 000	sahasra
10 000	ayuta
100 000	laksa
1 000 000	prayuta
10 000 000	koti
100 000 000	vyarbuda
1 000 000 000	padma
……….	…………

Abbildung 10: *Namen der indischen Zehnerpotenzen.* Quelle: Ifrah 1992: 196.

Im 5. Jahrhundert n.Chr. erarbeiteten die indischen Mathematiker und Astronomen ein mündliches Ziffersystem nach dem Positionsprinzip, „in dem die Sanskritworte für die neun

Einer einen variablen Wert abhängig von ihrer Position innerhalb des Zahlenausdrucks erhielten" (ebd. 197). Auf folgender Weise konnte zum Beispiel die Zahl 321 wiedergeben werden (vgl. ebd. 198):

$$EINS.\ ZWEI.\ DREI$$
$$(= 1 + 2 \times 10 + 3 \times 100)$$

Abbildung 10: *Mündliches Ziffersystem 1*. Quelle: Ifrah 1992: 198.

Diese mündliche Ziffersystem konnte eine Zahl, bei der z.b. eine Dezimalstelle fehlte, nicht ausdrücken. Zum Beispiel die Zahl 301 kann nicht einfach als EINS. DREI wiedergegeben werden, denn das wäre die Zahl 31. Um diese Schwierigkeit zu lösen, hatten die indischen Gelehrten das Wort *śūnya* - >>Leere<<- an der Stelle der fehlenden Dezimalstellen eingeführt. Die Zahl 301 konnte folgendermaßen wiedergegeben werden (vgl. ebd. 198):

$$eka \quad śūnya \quad tri$$
$$EINS.\ LEERE.\ DREI$$

Abbildung 11: *Mündliches Ziffersystem 2*. Quelle: Ifrah 1992: 198.

Damit verfügten die indischen Gelehrten über alle notwendigen Bestandteile einer modernen Zahlschrift:

- sie hatten unterschiedliche Ziffern für die Zahlen von 1 bis 9, die von jeder direkten Anschauung losgelöst waren;
- sie kannten das Positionsprinzip;
- sie hatten die Null erfunden (ebd.).

Die indischen Gelehrten und Dichter benutzten nicht nur das Wort *śūnya* - >>Leere<< für die leeren Stellen, sondern auch noch viele verschiedenen Wörter, z.B. kha, gagana - >>Himmel<<, ambara, viyat - >>Atmosphäre<< (vgl. ebd. 200). Sie haben auch für die Zahlwörter verschiedenen Synonymen aus der Natur und Mythologie verwendet, um die Wiederholung von Zahlen innerhalb einer Zahlendarstellung zu vermeiden. Durch diese literarische Form der Zahlendarstellung konnten „Zahlen ins Gedächtnis eingeprägt und selbst umfangreiche numerische oder astronomische Tabellen in Erinnerung behalten werden" (ebd. 202). Die indischen Mathematiker könnten mit diesem Verfahren sehr gut rechnen. Sie benutzten anfangs arithmetische Geräte wie Abakus, dessen Spalten in feinen Sand bezogen wurden. „Die erste Spalte von rechts wurde den Einern zugeordnet, die folgende den Zehnern, die dritte den Hunderten und so fort" (Ifrah 1992: 204).

Im 6. Jahrhundert n.Chr. fand eine große Veränderung statt. Die Spalten des Abakus verschwanden und die ersten neun Ziffern erhielten einen variablen Wert abhängig von ihrer Position innerhalb der Zahlendarstellung. Die verschiedenen Dezimalordnungen wurden von links mit der Ziffer für die höchste Zehnerpotenz begonnen. Die Null wurde durch einen Punkt oder durch einen kleinen Kreis symbolisiert. Von da an wurde die Null in der Reihe der Zahlen aufgenommen.

4.2 Die arabischen Ziffern

Im 9. Jahrhundert n.Chr. übernahmen die Araber von den indischen Gelehrten die neun Ziffern. Die Null hatte noch die Form eines kleinen Kreises. Die indischen Ziffern wurden dem Schreibstil den arabischen Ländern des Orients angepasst. Die folgende wenig modifizierte Form verbreitete sich in den arabischen Provinzen des Vorderen Orients (vgl. ebd. 217):

Abbildung 12: *Die Hindi-Ziffern*. Quelle: Ifrah 1992: 217.

Diese Ziffern wurden von den Arabern als *Hindi-Ziffern* bezeichnet, mit den klaren Hinweis auf ihren Ursprung. Sie werden heute noch in mehreren Regionen des islamischen Indien, in Ägypten, in der Türkei, in Syrien, in Afghanistan, in Pakistan und in allen Ländern am Persischen Golf in dieser Form verwendet.

Die Westaraber aus Nordafrika und Spanien gehörten im 9. Jahrhundert nicht mehr zum Herrschaftsgebiet der Kalifen von Bagdad, nichtsdestotrotz hatten sie weiterhin vielschichtige Kontakte miteinander. Sie übernahmen auch die indischen Ziffern und Rechenmethoden und sie wurden auch „Experten im >>Rechnen auf Sand<<" (vgl. ebd. 219). Mit der Zeit gab es deutliche graphische Veränderungen in der Darstellung der Ziffern der maurischen Länder. Sie wurden als *Gobar*-Ziffern – Staubziffern- genannt (ebd.):

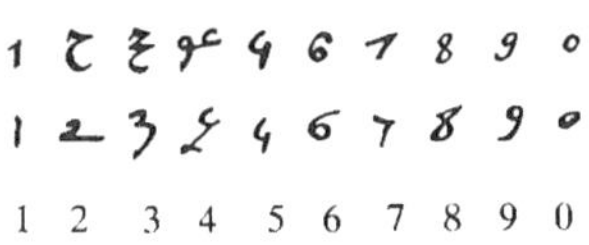

Abbildung 13: *Die Gobar-Ziffern*. Quelle: Ifrah 1992: 219.

Die Ziffern, die wir heute hier in Europa kennen, gelangten von den Westaraber über Spanien in Europa. Sie wurden als die >>arabische Ziffern<< verbreitet. Aus der zweiten Hälfte des 10. Jahrhunderts stammt aus Nord-Spanien die erste bekannte europäische Handschrift (vgl. Ifrah 1987: 529-530):

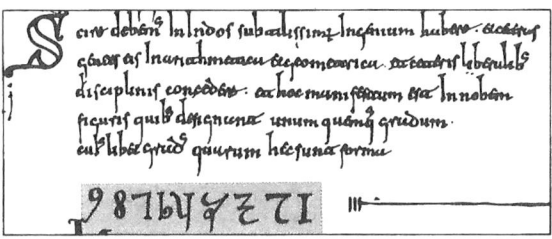

Spanische Handschrift, datiert auf das Jahr 976, mit den neun indisch-arabischen Ziffern; dies ist das älteste Zeugnis für den Gebrauch dieser Ziffern in Europa.

Abbildung 14: *Die erste bekannte Handschrift von Zahlen in Europa.* Quelle: Ifrah 1992: 219.

4.3 Die erste Einführung arabischer Ziffern in Europa

In Europa war das Bildungswesen nach dem Untergang des römischen Reiches bis zum Ende des Mittelalters kaum entwickelt. In Bereich Mathematik wurde das Rechnen mit den Fingern und das Schreiben und Lesen der römischen Ziffern gelehrt. Gerechnet wurde mit dem alten römischen Abakus, dessen Anwendung äußerst kompliziert war und nur wenige Spezialisten konnten damit elementarsten arithmetischen Operationen ausführen.

Italien war das erste Land, das dank seinem engen Kontakt mit Arabien und Byzanz früh die komplexeren mathematischen Operationen in dem Unterricht eingebunden hatte. Deutsche und französische Universitäten verwendeten noch im 14. und 15. Jahrhundert die gängigsten Rechenverfahren (vgl. ebd.:221).

In der Zeit um das Jahr 1000 versuchte Gerbert d'Aurillac, ein französischer Mönch, der eine Domschule leitete, die arabische Zahlschrift und all ihrer Rechenverfahren zu verbreiten. Er stieß aber in der christlichen Welt auf große Wiederstand. Es gelingt nur die Einführung der arabischen Ziffern, ohne die Null und ohne die Rechenverfahren aus Indien (vgl.ebd.:223). Die arabischen Ziffern verwendete man erstmal für die Vereinfachung der alten Rechentafeln aus Caesars Zeiten. Auf dem Rechenbrett mit Spalten konnte leicht auf die Null verzichtet werden.

Die arabischen Ziffern von 1 bis 9 wurden in Rechenmarken aus Horn eingeritzt (*apices*) und jede diese Marke erhielt einen eigenen Namen (vgl. 224):

Abbildung 15: *Apices*. Quelle: Ifrah 1992: 224.

Die Ziffern wurden nicht einheitlich wiedergeben, denn damals noch keine Normierungen gab. Die Ziffern, die wir heute kennen, bildeten sich im 13. und 14. Jahrhundert heraus. Gutenbergs Erfindung des Buchdrucks um 1440 hatte die inzwischen festgelegten Formen den Ziffern stabilisiert (vgl. ebd.:226).

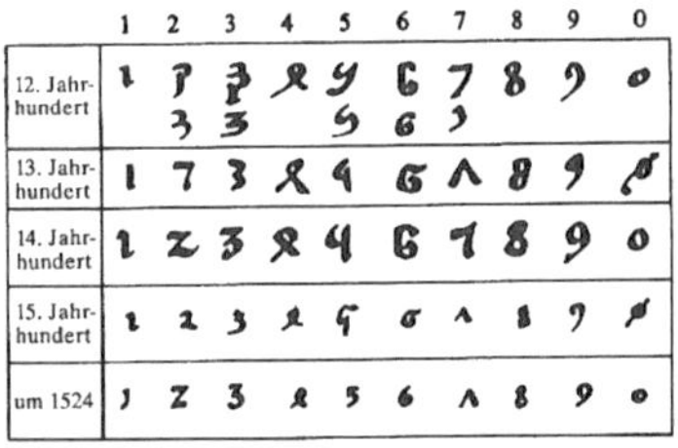

Abbildung 16: *Die zweite Form der europäischen Ziffern.* Quelle: Ifrah 1992: 226.

Die arabischen Ziffern stoßen anfangs des 2. Jahrtausend auf große Wiederstand. In den Jahrhunderten nach ihrer Verbreitung wurden sie nur in einfachsten Weisen benutzt, um veraltete Methoden zu vereinfachen. Viele christliche Gelehrte verweigerten die Verwendung der arabischen Ziffern. In der Renaissance fand zum zweiten Mal die Verbreitung der arabischen Ziffern statt. Diesmal gingen die arabischen Ziffern und das Rechnen nach indischem Vorbild in den volkstümlichen Gebrauch über.

Schlusswort

Das Ziel dieser Arbeit war einen Überblick über Ursprung, Entwicklung und Verbreitung von Zahlensystemen zu verschaffen. Die Vorgeschichte der Zahlen gibt uns einen Hinweis darauf, wie komplex das Leben in den damaligen Zeiten schon war. Die verschiedenen Zahlensysteme in derselben Zeitraum zeigen auch, wie einzelne Volksgruppen unterschiedlich lebten. Jede Volksgruppe hat ihr eigenes Zahlensystem nach ihren eigenen Möglichkeiten, Lebensumständen und Wissen entwickelt. Außerdem war es interessant zu sehen, wie sich die Zahlensysteme verbreitet haben. In dieser Arbeit wurde mehr auf die Verbreitung der indischen Ziffern und deren Rechenmethoden eingegangen. Das außergewöhnliche Wissen von den indischen Gelehrten ist sehr bemerkenswert. Unser modernes Zahlensystem wäre aber kaum denkbar ohne die wissenshungrigen Araber. Durch die Handelsbeziehungen mit Indien erkannten die Araber die Überlegenheit der indischen Ziffern und Rechenmethoden und trugen sie auf ihre eigene Kultur über. Und noch viele Zeit vergangen werden musste bis die europäische Bevölkerung das von Arabern vermittelte indische Zahlensystem erworben. Wie es in der vorliegenden Arbeit beschrieben wurde, haben sich die Europäer Zunächst nur die neun indischen Ziffern ohne die Null übernommen, und es dauerte noch einige Jahrhunderten bis sie auch die Null und die Rechenmethoden im Gebrauch genommen haben. Die Erfindung der Null war eine der wichtigsten Entdeckungen der Menschheit, die uns die Entwicklung von Mathematik, Physik sowie andere Wissenschaften ermöglichte, die eng mit Ziffern gebunden sind (vgl. Kittler 2003: 200ff).

Wie wir heute sehen können ist unser modernes Zahlensystem hochentwickelt. Die Ziffern werden von Konventionen als festgelegte graphische Abbildungen dargestellt. Eine Veränderung der Zahlschrift ist in unserer Zeit kaum vorstellbar, obwohl es nicht ausgeschlossen werden kann, dass in der fernen Zukunft heutige Rechensysteme und somit von uns verwendende Ziffern andersweise dargestellt werden.

Literaturverzeichnis

Goy, Wolfgang (2003): Die Konstruktion technischer Bilder – eine Einheit von Bild, Zahl, Schrift. In: Krämer, Sybille; Bredekamp, Horst (Hrsg.): Bild-Schrift-Zahl. München, Wilhelm Fink: S. 143-154: S. 193-204.

Ifrah, Georges (1987): Universalgeschichte der Zahlen. 2. Auflage. – Frankfurt-am-Main, New York, Campus Verlag.

Ifrah, Georges (1992): Die Zahlen: die Geschichte einer großen Erfindung. – Frankfurt-am-Main, New York, Campus Verlag.

Kitter, Friedrich (2003): Zahl und Ziffer. In: Krämer, Sybille; Bredekamp, Horst (Hrsg.): Bild-Schrift-Zahl. – München, Wilhelm Fink.